Impressum:

Copyright © 2003 GRIN Verlag, Open Publishing GmbH
Druck und Bindung: Books on Demand GmbH, Norderstedt Germany
ISBN: 9783656439004

Dieses Buch bei GRIN:

http://www.grin.com/de/e-book/12275/der-informelle-sektor-in-den-metropolen-
des-suedens-struktur-bedeutung

Viola Fritz, Steffen Hemberger

Der informelle Sektor in den Metropolen des Südens: Struktur, Bedeutung und Entwicklungschancen

GRIN Verlag

Der informelle Sektor in den Metropolen des Südens: Struktur, Bedeutung und Entwicklungschancen

von

Viola Fritz

Universität Mannheim
Geographisches Institut

Abteilung für Wirtschaftsgeographie

Hauptseminar (WIGEO I):
Städte als Wirtschaftsräume

Wintersemester 2002/ 2003

Der informelle Sektor in den Metropolen des Südens:

Struktur, Bedeutung und Entwicklungschancen

vorgelegt von:

Steffen Hemberger

Diplom Geographie
11. Semester

und

Viola Fritz

LAG Nebenfach

5. Semester

Inhaltsverzeichnis:

1. Einleitung: der informelle Sektor als Residualkategorie

Seit mittlerweile über 30 Jahren befassen sich Wissenschaftler und Entwicklungsforscher mit dem Phänomen, dass in den Ländern der dritten Welt ein zunehmender Anteil der Bevölkerung ein Einkommen aus wirtschaftlichen Aktivitäten erzielt, die sich außerhalb des ‚modernen' bzw. ‚formellen' Sektors abspielen. Dieser ökonomische Bereich des ‚informellen' Sektors definiert sich also durch eine Negativabgrenzung vom ‚formellen' Sektor, der für die Entwicklungsländer nach Maßstab der Industrieländer, die Lohnarbeit in multinational organisierten Unternehmen, im Bereich staatlich-öffentlicher Dienste und im weltmarktorientierten Teil der Landwirtschaft umfasst (vgl. Feldmann 1992, S.14).

Schon die Abgrenzung eines andersartigen ökonomischen Bereichs aus Sicht der hochentwickelten Staaten der Erde ist jedoch insofern problematisch, daß dabei der Eindruck vermittelt werden kann, daß der informelle Sektor eine Abweichung vom Normalfall darstellt. Daß eine solche Sichtweise durchaus gewollt war, zeigen die unterschiedlichen entwicklungspolitischen Handlungsstrategien, die je nach wirtschaftstheoretischem Betrachtungsansatz für die Zukunft des informellen Sektors erarbeitet wurden.

Der informelle Sektor definiert sich somit als „Residualkategorie" (Buchholt 1999, S. 717) zum formellen Sektor. Damit ordnet man ihm alle Tätigkeiten zu, die nicht eindeutig Teil des modernen Sektors sind, woraus sich bereits das zweite und vielleicht wesentlichste Problem des Konzepts ergibt. Es ist seine Heterogenität in Bezug auf die Anzahl unterschiedlicher ökonomischer Tätigkeiten, die Vielseitigkeit der erbrachten Leistungen, die Uneinheitlichkeit der Arbeitsorganisation und die Verschiedenartigkeit der im informellen Sektor anzutreffenden sozialen Gruppen, die dem Konzept die Bezeichnung als „Allesfänger" (Gertel 1999, 707; Schneider 1999, S.663) eingebracht hat. Diese unpräzise Ab- und Eingrenzung eines speziellen ökonomischen Bereichs hat in der wissenschaftlichen Diskussion dazu geführt, daß dem Konzept in der empirischen Anwendung der Wert als wissenschaftliches Analyseinstrument abgesprochen und damit auch die Möglichkeit, aus ihm konkrete entwicklungspolitische Handlungsstrategien abzuleiten, angezweifelt wurde (vgl. Schamp 1989, S. 11).

Es stellt sich daher die Frage, durch welche Merkmale sich der informelle Sektor auszeichnet und ob anhand bestimmter Kriterien eine Operationalisierung möglich ist? Die Suche nach Abgrenzungseigenschaften fördert jedoch gleichzeitig die dualistische Sichtweise einer strengen Dichotomie der beiden ökonomischen Bereiche in zwei geschlossene Wirtschaftskreisläufe. Hier eröffnet sich die Frage, ob das globale

Wirtschaftssystem tatsächlich in zwei getrennte Einheiten aufgeteilt ist, oder ob nicht vielfältige Verflechtungen zwischen dem formellen und dem informellen Sektor existieren?

2. Informelle Aktivitäten als eigenständiger Wirtschaftssektor

Der Begriff informeller Sektor etablierte sich Anfang der 70er Jahre im wissenschaftlichen Sprachgebrauch. Vorausgegangen war eine enorme Bevölkerungsexplosion in den Ländern der dritten Welt mit Wachstumsraten, die weitaus höher waren, als die Maxima in den Ländern der ersten Welt zur Zeit der Industrialisierung in der zweiten Hälfte des 19. Jahrhunderts. Der dadurch ausgelöste Bevölkerungsdruck förderte die Migration der ländlichen Bevölkerung in die Städte. Durch die städtischen Geburtenüberschüsse in Verbindung mit den hohen Wanderungsgewinnen überstiegen die Verstädterungsraten das allgemeine Bevölkerungswachstum noch bei weitem und führten hier besonders zu Problemen bei der Wohnraum- und Arbeitsplatzbeschaffung. Der moderne Wirtschaftssektor, häufig importiert und implementiert durch die Industrieländer, war nicht in der Lage dieser Entwicklung standzuhalten und das zunehmende Arbeitskräftepotential aufzunehmen. Aus Mangel an formaler Lohnarbeit war ein ständig wachsender Teil der Bevölkerung gezwungen, sich durch anderweitige Tätigkeiten den Lebensunterhalt zu sichern. Diese Entwicklung dauerte auch die folgenden Jahre weiter an und ist bis heute noch nicht abgeschlossen.

Es entwickelte sich ein eigener Bereich wirtschaftlicher Aktivität, der zunächst durch Attribute wie „traditionell", „rückständig" und „ineffizient" beschrieben wurde. Da dieser ökonomische Bereich für die Politik uninteressant war, weil er keine Gewinne in die Staatskassen brachte, blieb er unbeachtet aber nicht unbeeinflußt. Denn die Staaten der dritten Welt sorgten in breiter Übereinstimmung für die Installierung eines neuen Wirtschafts- und Rechtssystems nach dem Vorbild der Industrieländer, das einer Integration in den Weltmarkt förderlich sein sollte und positive Rahmenbedingungen für die Ansiedlung devisenbringender, multinationaler Mittel- und Großunternehmen schaffte. Wissenschaftlich unterstützt wurde das Vorgehen in den 60er Jahren von Modernisierungstheoretikern, die den Bereich informeller Aktivitäten als wirtschaftliche Rückständigkeit, im Sinne einer industriellen Vorstufe, betrachteten, den es durch Entwicklung zu überwinden galt. Nach dem Motto „Arbeitsbeschaffung durch Entwicklung" sollte sich der Import moderner Technologien sowie fortschrittlicher Produktionsverfahren und –anlagen stimulierend auf die eigene Wirtschaft auswirken und damit Auslöser für einen erhöhten Arbeitskräftebedarf im modernen Sektor sein, der schließlich dazu in der Lage wäre, ausreichend Beschäftigung für die gesamte Bevölkerung zu bieten (vgl. Frieling 1989, 171; Schneider-Barthold 1995, S. 24).

Das Rechtssystem wurde an den Bedürfnissen, Merkmalen und Kapazitäten der kapitalistischen Weltwirtschaft ausgerichtet und damit „gegen gültige soziale Normen konzipiert" (Schneider-Barthold 1995, S. 25), entfernte sich damit von festen gesellschaftlichen Werten und allgemein anerkannten Handlungsweisen. Dies hatte zur Folge, daß sich die als selbständige und im Kleingewerbe Tätigen der staatlichen Kontrolle entziehen mußten, da sie nicht in der Lage waren, die ‚Kosten der Formalität' zu Tragen. Die Diskriminierung resultierte im wesentlichen aus der staatlichen Förderung und Bevorteilung des modernen Wirtschaftssektors. Erst dadurch, daß sich die wirtschaftlichen Aktivitäten außerhalb des modernen Sektors der staatlichen Regulierung entzogen, wurden sie somit ‚informell' und teilweise sogar kriminalisiert. Jedoch werden tatsächlich illegale Aktivitäten, wie beispielsweise der Drogenhandel, Schmuggel oder die Erpressung von Schutzgeldern, nicht dem informellen Sektor zugerechnet. Um dies zu verdeutlichen wird in der Literatur der Begriff Illegalität in Bezug auf den informellen Sektor teilweise auch durch den Ausdruck Extralegalität ersetzt.

Festzuhalten bleibt, daß Staatsferne ein wesentliches Merkmal des informellen Sektors darstellt.

3. Die Förderung des informellen Sektors als entwicklungspolitisches Konzept

Schon gegen Ende der 60er und dann vor allem zu Beginn der 70er Jahre des 20. Jahrhunderts fand eine völlige Umorientierung der entwicklungspolitischen Handlungsstrategie statt. Eingeleitet wurde die Trendwende durch das 1969 von der ILO (International Labour Organisation) veröffentlichte Weltbeschäftigungsprogramm (World Employment Programme, WEP), in dem der Entwicklungsansatz der vorangegangenen Dekade umgekehrt wurde. Eigenständige ökonomische Entwicklung sollte nun durch verstärkte Maßnahmen zur Arbeitsplatzbeschaffung erreicht werden. Man hatte aus den Erfahrungen gelernt, daß der punktuelle Einsatz kapitalintensiver Technologien nur einen sehr geringen, zudem wenig nachhaltigen und kaum selbstverstärkenden Beitrag zur Schaffung neuer Arbeitsplätze leistete. Stattdessen wiesen mehrere, von der ILO in Auftrag gegebene Länderstudien, angeführt vom Kenia-Report von 1972, daraufhin, daß ein zunehmender Anteil der Bevölkerung in einem wirtschaftlichen Sektor Beschäftigung fand, der „weder statistisch, noch juristisch oder fiskalisch erfaßt sei" (Gertel 1999, S. 706). Erstmals erkannte man den sozialen Stellenwert, den dieser Bereich, dessen Bezeichnung als informeller Sektor nun allgemeine Popularität erfuhr, einnahm, indem er für einen wachsende Bevölkerungsanteil ohne Zugang zum formalen Arbeitsmarkt, durch Beschäftigung und Einkommen eine Überlebensgrundlage schaffte und außerdem den finanziell Schwächeren günstige Sachgüter und Dienstleistungen bot. Es wurde gewürdigt, daß der informelle Sektor flexibel und innovativ sei.

Aus diesen Gründen sprach man ihm eine inhärente Dynamik und ein eigenes, unabhängiges Entwicklungspotential zu, so daß er das nationale ökonomische Wachstum vorantreiben und weitere Arbeitsplätze schaffen könne (vgl. Adam 1997, S. 114 u. 118). Dabei benötige er aber Unterstützung und somit sprach sich die ILO für die ‚Förderung des informellen Sektors' als beschäftigungsorientiertes Entwicklungsprogramm aus. Zusammengefaßt wurden folgende Maßnahmen vorgeschlagen:

- die Staaten der dritten Welt sollen die Verdienste des informellen Sektors anerkennen und ihm gegenüber eine tolerantere und positivere Haltung einnehmen,
- die Entwicklungsländer sollen bemüht sein, durch die Umlenkung der Nachfrage des formellen Sektors und des Staates auf den informellen Sektor, das Entwicklungspotential zu nutzen und damit für eine Erhöhung der Einkommen zu sorgen,
- der informelle Sektor soll aktiv gefördert werden, indem das Wirtschafts- und Rechtssystem seinen Merkmalen und Bedürfnissen angepaßt wird
  (vgl. Frieling 1989, S. 178).

Auch dieser Entwicklungsansatz blieb nicht unkritisiert und auf die Fragen, ob die Argumente für die Förderung des informellen Sektors tatsächlich stichhaltig sind und ob seine Potentiale zur Linderung der Armut richtig eingeschätzt wurden, soll im weiteren Verlauf der Arbeit noch eingegangen werden.

4. Die Abgrenzungskriterien des informellen Sektors

Ein auch heute noch häufig gewählter Definitionsansatz für den informellen Sektor geht auf den Kenia-Report der ILO von 1972 zurück. Hier wurden sieben charakteristische Merkmale herausgestellt, die so oder in leicht modifizierter Form, der Beschreibung des informellen Sektors dienen:

1. <u>Einzel- oder Familieneigentum der Betriebe</u>:

   Eine Vielzahl informeller Aktivitäten wird von Selbstbeschäftigten (self-employment) in Einmannunternehmen verrichtet; daneben werden Klein- und Kleinstunternehmen mit maximal fünf bzw. zehn Arbeitskräften (je nach Definition) zum informellen Sektor gezählt, hier sind neben dem Eigentümer v. a. unbezahlt helfende Familienmitglieder und ohne Entgelt tätige Lehrlinge, sowie entlohnte Arbeiter beschäftigt.

2. <u>Einfacher Berufseintritt</u>:

   Der Zugang zum informellen Sektor erscheint vergleichsweise leichter, weil er sich nur in geringem Maße Regulierungen unterwirft, sich häufig versucht der staatlichen Kontrolle zu entziehen und zudem meist mit nur geringen Einstiegsinvestitionen verbunden ist.

3. <u>Nutzung indigener Ressourcen</u>:

   Der informelle Sektor zeichnet sich dadurch aus, daß v. a. einheimische Rohstoffe bei der Produktion genutzt oder Wertstoffe aus Abfällen bei der Güterherstellung wiederverwendet werden.

4. <u>Kleine Reichweite der ökonomischen Tätigkeiten</u>:

   Waren und Dienstleistungen des informellen Sektors sind vorwiegend auf die lokalen Märkte ausgerichtet, werden in geringem Produktionsumfang hergestellt und sind von eher niedrigerem Wert.

5. <u>Verwendung arbeitsintensiver Technologien</u>:

   Da häufig die eigene Arbeitskraft das wichtigste zur Verfügung stehende Produktionsmittel darstellt, kommen vorwiegend arbeitsintensive Technologien zum Einsatz, die einen möglichst geringen Kapitalbedarf erfordern.

6. <u>Nutzung von Fähigkeiten, die außerhalb des formalen Bildungssystems erworben wurden</u>:

   Die notwendigen Kompetenzen für die Tätigkeiten im informellen Sektor werden größtenteils bei der Arbeit in den Betrieben erworben; die vorhandene Schulbildung spielt nur eine untergeordnete Rolle, die formale Aus- und Fortbildung erscheint für die selbständige Tätigkeit im informellen Sektor als unzureichend und non-formale Bildungsangebote sind selten und dazu wenig zielgruppenorientiert.

7. <u>Teilnahme an unregulierten, wettbewerbsintensiven Märkten</u>:

   Unreguliert sind die Märkte in Bezug auf staatliches Handeln, da der informelle Sektor weitestgehend bemüht ist, sich der staatlichen Kontrolle zu entziehen, um den Kosten der Formalität zu entgehen; daraus folgt u. a., daß die Arbeitsverhältnisse für die Beschäftigten keine soziale Absicherung bieten und Geschäftsverträge ohne schriftliche Fixierung und damit ohne rechtliche Sicherheit abgeschlossen werden; jedoch erfahren die Aktivitäten im informellen Sektor durch die hohe Wettbewerbsintensität eine wirtschaftliche Regulierung und daneben eine Regulierung durch soziale Netzwerke, z. B. beim Zugang zu Märkten.

Bei der Betrachtung der Liste typischer Merkmale des informellen Sektors stellt sich die Frage nach der hierarchischen Wertigkeit der einzelnen Charakteristika. Ebenso offen bleibt die Frage, ob bei der Identifizierung des informellen Sektors alle oder nur einige Eigenschaften erfüllt sein müssen und in welcher Ausprägung sie der Operationalisierung informeller Aktivitäten dienen?

In der empirischen Forschung wurde das Problem vielfach dadurch gelöst, daß häufig nur auf Datensätze zur Betriebsgröße zurückgegriffen werden konnte. Die Erhebung eigenen Datenmaterials erwies sich als schwierig, da es ja gerade zu den Eigenschaften des informellen Sektors zählt, sich der Aufsicht zu entziehen. Außerdem ist es aufgrund seiner Heterogenität schwer, einen allgemeinen Maßstab für die Merkmalserfassung anzulegen.
Also konzentrieren sich viele Studien bei der Abgrenzung des informellen Sektors auf das Merkmal der Betriebsgröße. Daß es sich hierbei wirklich um ein wesentliches Merkmal handelt, läßt sich damit begründen, daß seine Benachteiligung gegenüber dem modernen Sektor auch ein Resultat seiner Kleinheit der Betriebsgrößen ist. Die Festlegung eines Schwellenwertes der maximalen Beschäftigtenzahl für Betriebe, die dem informellen Sektor zugerechnet werden, richtet sich pragmatisch nach dem bereits vorhandenen, aber sehr unvollständigen Datenmaterial der behördlichen Registrierung des Klein- und Kleinstgewerbes. Die Grenzen liegen daher entweder bei fünf oder zehn Beschäftigten.

Daneben gilt einheitlich die ‚Staatsferne‘ als ein wesentliches Merkmal des informellen Sektors. Jedoch kann ein solcher Zustand kaum erfaßt werden und noch weniger ist es möglich, einen Grad der Staatsferne zu bestimmen, ab dem eine eindeutige Zuordnung zum informellen Sektor erfolgen könnte. Da reine Informalität nahezu ausgeschlossen werden kann, sind solche Aktivitäten als informell zu bezeichnen, die unterdurchschnittlich schwach von staatlichem Handeln erfaßt sind (vgl. Schneider-Barthold 1995, S. 17). Bei der Beurteilung, wie stark eine Tätigkeit von staatlichem Handeln erfaßt und beeinflußt wird, spielen u. a. folgende Staatsaktivitäten eine Rolle:
- Berufliche Bildung
- Kreditgewährung durch staatliche Entwicklungsbanken

- Ausweisung und Erschließung von Gewerbegebieten, Zuteilung von Land, Vergabe von Landbesitztiteln
- Registrierung von Betrieben
- Lizenzgewährung
- Gewährung fiskalischer Vergünstigungen (Steuer, Zoll, Gebühren)
- Besteuerung
- Gewerbeaufsicht, Bankenaufsicht
- Eintreibung von Sozialabgaben
- Staatliche Erfassung
- Rechtsschutz durch Ordnungskräfte und Justiz
- Messe-, Exportförderung durch staatliche Institutionen
- Betriebsberatung durch staatliche Gewerbefördereinrichtungen

(Liste übernommen von Schneider-Barthold 1995, S. 17)

Bei der Betrachtung von Abgrenzungskriterien tritt nochmals die Frage auf, ob es sich beim informellen Sektor tatsächlich um einen abgeschlossenen Wirtschaftskreislauf handelt, der unbeeinflußt neben dem formellen Sektor existiert und sich entwickelt? Kritiker sehen im Dualismus des Konzepts die Gefahr, daß die vielfältigen Verflechtungen zwischen beiden Wirtschaftsbereichen übersehen werden und damit unbewertet bleiben.

Tatsächlich lassen sich von der Mikro- bis zur Makroebene eine Vielzahl von Verflechtungen erkennen. Auf der untersten Ebene treten Verbindungen bereits quer zu Einzelpersonen auf, die ihren Lebensunterhalt sowohl bei formeller Lohnarbeit erzielen, als auch durch ein zusätzliches Einkommen im informellen Sektor.

Verflechtungen existieren auch dort, wo besserverdienende Personen aus dem formellen Sektor als Kreditgeber den Eigentümern von Klein(st)betrieben Liquidität ermöglichen oder direkt Produktionsmittel zur Verfügung stellen, wie z. B. im informellen Transportsektor Asiens, wo Rikschafahrer in den meisten Fällen nicht Eigentümer, sondern Mieter des Transportmittels sind.

Schließlich gibt es natürlich auch direkte Beziehungen zwischen dem informellen Gewerbe und formellen Mittel- und Großunternehmen. Einerseits konkurrieren sie miteinander auf den Absatzmärkten und bei der Ressourcenbeschaffung. So setzen beispielsweise preiswerte Massengüter den informellen Sektor unter Druck, während er jedoch umgekehrt für den modernen Sektor den Zugang zu lokalen Märkten erschwert. Bei der Beschaffung von Rohstoffen kann sich der formelle Sektor aufgrund seiner Finanzkraft häufig durchsetzen. Es soll an dieser Stelle aber auch nochmals darauf hingewiesen werden, daß staatliche Eingriffe die Konkurrenzbeziehungen stark zugunsten des formellen Sektors beeinflussen, indem Monopole, steuerliche Vergünstigungen oder der Zugang zu Land geschaffen werden, die den informellen Sektor behindern oder sogar direkt ausschließen.

Andererseits entstehen „partnerschaftliche" Verflechtungen, wo Geschäftsbeziehungen miteinander eingegangen werden (vgl. Schneider-Barthold 1995, S. 62). Die Lieferverflechtungen zwischen dem formellen und dem informellen Sektor werden als „downward vertical exchange" und „upward vertical exchange" bezeichnet (vgl. Schamp 1989, S. 18). Beim „downward vertical exchange" erfolgt eine Lieferung von Gütern oder Dienstleistungen vom formellen zum informellen Sektor. Dabei kann es sich sowohl um Investitionsgüter handeln, die im Produktionsprozeß eingesetzt werden, als auch um Produkte und Waren, die über den informellen Sektor dem Endverbraucher angeboten werden. Die negativen Aspekte dieser Austauschbeziehungen bestehen für den informellen Sektor darin, daß die Anschaffung von Investitionsgütern aus dem formellen Sektor mit folgenden, nicht selbst ausführbaren Wartungsarbeiten verknüpft sein kann oder daß beim Verkauf von Fertigerzeugnissen des formellen Sektors ohne eigene Wertschöpfung nur geringe Gewinne erzielt werden.

Grundsätzlich geht man aber davon aus, daß sich positive Effekte beim entgegengesetzten Strom von Waren und Diensten ergeben. Diese These wird zumindest von der ILO vertreten, die dem „upward vertical exchange", bei dem der formelle vom informellen Sektor beliefert wird, in ihrem Entwicklungsprogramm eine große Bedeutung beimißt. Der informelle Sektor soll dabei davon profitieren, daß er durch die Bereitstellung von (Vor-)Produkten für den formellen Sektor in den nationalen oder gar globalen Wirtschaftsprozeß eingebunden wird. Vorteile für den formellen Sektor ergeben sich in der kostengünstigeren Produktionsweise des informellen Sektors und umgekehrt soll die wachsende und durch feste Zulieferbeziehungen wesentlich stabilere Nachfrage zu größerer Einkommenssicherheit, sowie zu höheren Erträgen beim informellen Sektor führen.

Daß sich aus einer solchen Abhängigkeit auch negative Wirkungen ergeben, läßt sich aus der übergeordneten Verflechtung beider Wirtschaftsbereiche erklären. Anhand verschiedener Länderstudien wurde aufgezeigt, daß der informelle Sektor sehr wohl von weltweiten ökonomischen Trends beeinflußt wird, d. h. daß „Perioden des Aufschwungs und der Rezession im informellen Sektor (...) im allgemeinen eine Folge gleicher Entwicklung im formellen" (Adam 1997, S. 117) Sektor sind, wobei eine zeitliche Verzögerung stattfindet (vgl. Meyer 1999, S. 698). Betrachtet man sich nun unter diesem Gesichtspunkt nochmals die Lieferverflechtung des „upward vertical exchange", so läßt sich die Gefahr erkennen, daß der formelle Sektor das Risiko von Nachfrageschwankungen nun direkt an den informellen Sektor abgegeben hat. Der einzelne Klein(st)gewerbebetreibende wird nur in geringem Maße von einer positiven konjunkturellen Weltmarktsituation profitieren, da er kaum in der Lage ist seine Kapazitäten zu erhöhen, die schon allein zur Sicherung des Überlebens einer maximalen Auslastung unterliegen. Dafür trifft es ihn umso härter, wenn die Nachfrage des formellen Sektors ausbleibt.

Anhand der aufgeführten Verflechtungen wurde deutlich, daß es sich beim informellen Sektor keineswegs um einen isolierten Wirtschaftskreislauf handelt. Es findet ein reger Austausch von Arbeitskraft, Kapital, Diensten und Produkten statt und der informelle Sektor stellt sich häufig als preiswerte Ergänzung des modernen Sektors dar (vgl. Escher 1999, S. 660).

Ein Konzept, das in seinem Ansatz ein so weites Spektrum erfaßt, wie das des informellen Sektors, und durch seine Dichotomie dazu verleitet, die vielfältigen Verflechtungen zu übersehen, trifft in seiner wissenschaftlichen Anwendung natürlich auf größte Schwierigkeiten, die Auslöser einer konzeptionellen Kritik sind, wie sie von Schamp (1989) und Gertel (1999) vorgebracht wurde.

Trotzdem sollte dabei nicht übersehen werden, daß mit dem Konzept ein ökonomischer Bereich angesprochen wird, der zuvor negiert oder zumindest unbeachtet und vernachlässigt wurde, obwohl er einen wesentlichen Bestandteil der Wirtschaft von Entwicklungsländern darstellt.

5. Kritische Durchleuchtung des Entwicklungsansatzes der ILO

In diesem Kapitel soll der Frage nachgegangen werden, mit welchen Argumenten die ILO ihre Entscheidung begründet, die Förderung des informellen Sektors als geeignete Entwicklungsstrategie zur Linderung der Massenarmut auszuwählen. Können durch sie die Staaten der dritten Welt tatsächlich überzeugt und zum Handeln bewegt werden? Ist das Programm in der Lage, eine Umverteilung von Einkommen zu ermöglichen und damit für mehr „Gerechtigkeit" zu sorgen?

Im Mittelpunkt der Argumentation stehen zwei ökonomische Begründungen. Die erste These lautet, daß der informelle Sektor die Fähigkeit besitzt Kapital zu akkumulieren, wodurch er selbst einen eigenen Wachstumsprozeß einleiten kann. Dabei ist wohl richtig, daß auch im informellen Sektor vereinzelt Tätigkeiten akkumulationsorientiert auf Gewinnerzielung ausgerichtet sind, denn ohne Zweifel existiert im gesamten informellen Sektor, entsprechend seiner Heterogenität, eine weite Einkommensspanne. Jedoch ist die große Mehrzahl der Beschäftigten eindeutig reproduktionsorientiert an der Sicherung des eigenen Überlebens interessiert und zeigt nur geringes ungenutztes unternehmerisches Potential. Daß die Förderung nun Auslöser einer inhärenten Dynamik sein wird, die zu einer Anpassung der Wirtschaftsweise an den modernen Sektor führt, kann also angezweifelt werden. Es bleibt allein der Verdacht, daß sich dabei einige wenige noch deutlicher von den Ärmsten absetzen können.

In der zweiten These wird behauptet, daß die Integration des informellen Sektors in die Gesamtwirtschaft ein Wachstum bewirkt, von dem sowohl der formelle Sektor, als auch der informelle Sektor, sowie der Staat profitieren wird. Wie kritisch eine solche Annahme zu betrachten ist, wurde bereits im vorangegangenen Kapitel aufgezeigt. Da sich auf einem Markt Anbieter und Nachfrager, in Bezug auf die Handelskonditionen, mit grundsätzlich gegensätzlichen Interessen gegenüberstehen und darauf bedacht sind, Geschäfte möglichst zum eigenen Vorteil abzuschließen, kann eine „win-win" Situation, bei der beide Marktteilnehmer gleichermaßen profitieren, nahezu ausgeschlossen werden. Es ist eher davon auszugehen, daß solche Lieferverflechtungen dem formellen Sektor einen größeren Nutzen bringen und damit möglicherweise die Disparität verstärkt, anstatt die Armut ernsthaft zu lindern.

Neben den beiden ökonomischen Thesen, die eben kritisch besprochen wurden, gibt es noch zwei soziale Aspekte, die als Leistungen des informellen Sektors von der ILO gewürdigt und als Argument seiner Förderung genannt werden. Einerseits geht es dabei um die Fähigkeit des informellen Sektors, einen weiterhin großen Zustrom an Migranten ohne Berufsausbildung aufnehmen zu können. Offen bleibt jedoch, für wen oder was daraus bzw. dadurch ein Vorteil entsteht. Da dem informellen Sektor im vorangegangenen Abschnitt eine positive ökonomische Entwicklung bereits abgesprochen wurde, bleibt als Leistung allein die Überlebenssicherung für einen großen Teil der städtischen Bevölkerung in Entwicklungsländern. Sicherlich ist auch diese Leistung nicht unbedeutend, jedoch entspricht sie nicht den gesteckten Zielen, die mit der Entwicklungsstrategie der ILO verbunden sind, nämlich die Massenarmut zu lindern und für ein Mehr an Gleichheit zu sorgen. Die Förderung des informellen Sektors erscheint vor diesem Hintergrund als „moderne Verwaltung der Armut" (vgl. Frieling 1989, S. 188).

Somit bleibt als zweiter sozialer Aspekt und letztes Argument für die Förderung, daß mit der Respektierung und Unterstützung des informellen Sektors ein Beitrag zur inneren staatlichen Ordnung und Sicherheit geleistet wird, indem man allerschlimmste Nöte der Bevölkerung verhindert.

Die hier zusammengefaßte kritische Durchleuchtung des Entwicklungskonzepts der ILO von Hans-Dieter von Frieling (1989) soll nicht die grundsätzliche Förderbedürftigkeit des informellen Sektors in Frage stellen. Vielmehr sollte damit aufgezeigt werden, mit welchen Schwierigkeiten die Entwicklungspolitik verbunden ist. Um bei der Verwirklichung von Programmen erfolgreich zu sein, müssen Partner gefunden werden, die sich an der Entwicklungsarbeit beteiligen. Außerdem gilt es Maßnahmen einzusetzen, mit denen die Hilfsbedürftigen direkt erreicht werden. Es bleibt somit die Frage, wo bei der Förderung des informellen Sektors anzusetzen ist?

6. Alternative entwicklungspolitische Strategien und Perspektiven der Förderung

Wie schon zu Beginn dieser Arbeit gesagt wurde, gibt es unterschiedliche wirtschaftstheoretische Ansätze, aus denen, je nach Erklärung des Phänomens informeller Sektor, differenzierte entwicklungspolitische Strategien abzuleiten sind.

Aus Sicht der Modernisierungstheoretiker stellt der informelle Sektor einen rückständigen Wirtschaftsbereich dar, der auf dem Weg zur industriellen Ökonomie überwunden wird. Die Ursache für sein Auftreten ist fehlende Entwicklung und kann daher mit Hilfe des Imports von Produktionsanlagen und technischem Know-how beseitigt werden. Schon bald wurde jedoch erkannt, daß punktuelle Entwicklungsimpulse nicht ausreichen, einen Wachstumsprozeß des modernen Sektors einzuleiten, dessen Dynamik dazu führt, daß sich der informelle Sektor von selbst auflöst. Diese Erkenntnis führt dann auch zu einer Änderung der entwicklungspolitischen Strategie, die nun die Förderung des informellen Sektors forderte und darauf ausgelegt war, den informellen Sektor Schritt für Schritt an die formelle Wirtschaft anzubinden.

Beeinflusst wurde das neue Programm von der Dependenztheorie, aus der hervorgeht, dass der informelle Sektor ein Ergebnis des starken Abhängigkeitsverhältnisses der Entwicklungsländer von den Industrieländern sei, das bereits durch den Kolonialismus installiert wurde. Zur Lösung dieses Problems ist nach Ansicht der Dependenztheoretiker eine Veränderung der globalen Wirtschaftsweise und eine Überwindung kapitalistischer Abhängigkeitsbeziehungen notwendig. Folglich lag die daraus abgeleitete Entwicklungsaufgabe darin, den Einfluß der Industrieländer auf die Wirtschaft der Staaten der dritten Welt zu reduzieren und die nationalen Wirtschaftssysteme so den Bedürfnissen und Merkmalen des informellen Sektors anzupassen, daß seine Anbindung an den modernen Sektor möglich ist. Die notwendigen Eingriffe zur Herstellung einer starken Nationalökonomie sollte der Staat leisten.

Im Gegensatz dazu steht der Ansatz des Neoliberalismus, der den Staat und die Politik unmittelbar für die Zweiteilung der Wirtschaft in formellen und informellen Sektor verantwortlich macht. Dabei gilt der informelle Sektor als die eigentliche „Volkswirtschaft", die erst durch die staatliche Regulierung behindert und diskriminiert wird. Die Lösung liegt aus neoliberaler Sicht im völligen Rückzug des Staates aus der Wirtschaft und in einer absoluten Liberalisierung der Märkte, in denen sich dann unternehmerische Kräfte frei entfalten können. Es ist nicht möglich einen empirischen Beweis zu liefern, der diese These stützt, da der völlige Rückzug des Staates aus dem Wirtschaftssystem als unrealistisch angesehen werden kann. Daher bleibt auch offen, ob sich aus der vollständigen Deregulierung rein positive Entwicklungsaspekte für den informellen Sektor ergeben oder dadurch nicht noch weitere Disparitäten gefördert werden. Sicher gilt dieses Konzept aber als Beleg dafür, daß in den Ländern der dritten Welt staatliche Maßnahmen vor allem zu Gunsten des modernen Sektors durchgeführt wurden. Daraus läßt sich ableiten, daß sich die Situation des informellen Sektors auf jeden Fall dadurch verbessern läßt, daß man die Bevorteilung des modernen Sektors beendet und das Wirtschafts- und Rechtssystem an die Merkmale und Bedürfnisse des informellen Sektors anpaßt. Das Ziel muß eine grundlegende Reform sein, die es dem informellen Sektor ermöglicht, sich dem modernen Sektor und damit einer neuen Formalität anzunähern (vgl. Parnreiter 1997).

Der informellen Sektor kann dabei durch konkrete Maßnahmen unterstützt werden. Bei der Förderung ist es allerdings besonders wichtig, daß die Hilfe „zielgruppenorientiert" und „menschenzentriert" erfolgt (vgl. Burckhardt 1997, S.179; Lohmar-Kuhnle 1993, S.46). Anstatt allgemeine sektorbezogene Förderprogramme einzusetzen, die z. B. auf die Steigerung der Produktivität oder die Einführung neuer Technologien ausgerichtet sind, soll eine zielgruppenorientierte Unterstützung dazu beitragen, die Lebensbedingungen der betroffenen Menschen direkt zu verbessern. Dabei stehen nicht sachzentrierte Ziele, wie Modernisierung, Wachstum oder Industrialisierung, im Mittelpunkt der Entwicklungshilfe, sondern ein menschenzentrierter Ansatz, der sich vor allem an den Bedürfnissen, Potentialen und Aktivitäten der Personen im informellen Sektor orientiert.

Um Hilfsprogramme nicht ins Leere laufen zu lassen, wird die Bedeutung der internen und autonomen Organisation von Gruppen und Vereinigungen des informellen Sektors besonders hervorgehoben (vgl. Adam 1997, S.134). Bestehende Solidargruppen und berufliche Zusammenschlüsse, in denen bereits ein großer Teil der im informellen Sektor Beschäftigten organisiert ist, können als direkte Ansprechpartner bei der Förderung eine wichtige Rolle übernehmen. Innerhalb dieser kleinsten, meist informellen und auf unterster Organisationsebene angesiedelten Selbsthilfegruppen haben die Mitglieder ein Bewußtsein für die gemeinsame Situation entwickelt und sich Ziele gesteckt, die sich direkt aus den existentiellen Bedürfnissen aller Beteiligten ergeben. Damit ist die Unterstützung solcher Organisationen zielgruppenorientiert und menschenzentriert, weil den betroffenen Personen bei der Verwirklichung und Durchsetzung eigener Wünsche und Interessen geholfen wird. Es gilt somit die Bildung von Selbsthilfegruppen zu unterstützen und Hemmnisse, wie wechselseitiges Mißtrauen, Individualismus, Konkurrenz und die Angst vor staatlichen Zugriffen zu überwinden, als auch nachfolgend mitzuhelfen, die organisationsintern gefaßten Ziele zu verwirklichen, indem entweder Förderleistungen und Dienste von außen zur Verfügung gestellt oder selbsttragende Selbsthilfemaßnahmen innerhalb der Zusammenschlüsse aufgebaut werden. Des weiteren kann die Förderung darin bestehen, daß die Bildung übergeordneter Verbände vorangebracht wird, um Einfluß und Durchsetzungskraft der Selbsthilfeorganisationen gegenüber stärkeren Parteien, wie dem Staat oder der modernen Wirtschaft, zu erhöhen und damit eine Reformierung des Wirtschafts- und Rechtssystems einzuleiten.

Konkret können sich Fördermaßnahmen auf die geringe Kapitalverfügbarkeit, auf schlechte Infrastrukturausstattung oder das niedrige Kompetenzniveau der Beschäftigten beziehen. Direkte Hilfe besteht dann in Kreditprogrammen, die den Zugang zu Kapital ermöglichen, um einen selbständigen und unabhängigen Betrieb zu eröffnen, in Infrastrukturmaßnahmen, wie Strom- und Wasserversorgung, Abfallentsorgung oder Bereitstellung legalen Wohnraums, durch die die Lebens- und Arbeitsbedingungen verbessert werden, sowie in Aus- und Fortbildungsprogrammen, die in enger Kooperation mit der traditionellen informellen Lehre durchgeführt werden und damit, als Basis der Selbsthilfe, zur Anhebung des Kompetenzniveaus führen.

7. Struktur und Bedeutung des informellen Sektors

Die informellen Aktivitäten liegen vor allem in den Beschäftigungsbereichen Handel, Transport und niedrige Dienste, sowie zu geringerem Anteil im handwerklichen Klein(st)gewerbe, das Produktions- bzw. Verarbeitungstätigkeiten und Reparaturarbeiten umfaßt. Typische Beispiele für Tätigkeiten im informellen Sektor sind der Straßen- oder Strandhandel, das Rikscha bzw. Trishaw fahren, die Arbeit als Schuhputzer, Autowäscher, Frisör oder Müllsammler, die Herstellung von Lebensmitteln, Kleidern, Schuhen, Aluminiumwaren oder Souvenirartikeln, sowie die Reparatur von Autos, Elektrogeräten oder Uhren. Die Durchschnittsverdienste im informellen Sektor betragen ca. 70-90% der formellen Einkommen, wobei die Erträge einer breiten Streuung unterliegen und damit teilweise auch höher sind, als die Einkommen, die im formellen Sektor erzielt werden. Umgekehrt stellt aber auch die Lohnarbeit im modernen Sektor keine Garantie gegen Armut dar (vgl. Schneider 1999, S. 665).

Die Kompetenzanforderungen im informellen Sektor sind entsprechend der Heterogenität seiner Aktivitäten sehr unterschiedlich, jedoch entsteht daraus nicht zwingend eine Korrelation mit dem Einkommen. Höhere Kompetenz verbessert zwar die Zugangs- und Einkommenschancen, aber mindestens von gleicher Bedeutung sind soziale Netzwerke, die über Jahre aufgebaut werden und den Zugang zu Wohn- und Arbeitsmärkten regulieren, Kapitalverfügbarkeit ermöglichen und Stammkunden binden.

Nach Angaben der ILO sind im informellen Sektor der Länder der dritten Welt etwa 40 bis 60% der städtischen Bevölkerung beschäftigt (Bolivien 57%, Venezuela 46%, Ecuador 40%, Madagaskar 57,5%, Tansania 56%, Thailand 48%)(vgl. Escher 1999, S. 660). Es wird davon ausgegangen, daß es sich dabei zu 60% um Frauen handelt, die vor allem sogenannte „unproduktive" Tätigkeiten des informellen Sektors ausüben, während Männer stärker im produzierenden bzw. handwerklichen Gewerbe tätig sind. Dabei führen Frauen vorwiegend Arbeiten aus, die sie häufig als Teilzeitbeschäftigung und in Heimarbeit verrichten können, um daneben ihren Haushalts- und Mutterpflichten nachzukommen, und auf die sie gewissermaßen traditionell festgelegt sind, wie z. B. die Zubereitung und der Verkauf von Lebensmitteln (vgl. Burckhardt 1997, S. 164). Wirtschaftlich schwierige Situationen erzwingen jedoch in zunehmendem Maße auch die unentgeltliche Mitarbeit von Frauen im Familienbetrieb. Daneben wird durch solche Krisen auch die Kinderarbeit im informellen Sektor verstärkt, da sie als „Helfer" oder „Lehrlinge" deutlich geringer entlohnt werden als erwachsene Arbeiter, oder als Familienangehörige ganz ohne Bezahlung arbeiten (vgl. Meyer 1999, S. 701).

Nach allgemeiner Einschätzung stellt der informelle Sektor in den Entwicklungsländern, gemessen an der nationalen Wertschöpfung, den zweitwichtigsten Wirtschaftsbereich nach der Landwirtschaft dar. Die größten Defizite liegen in der oftmals nicht angemessenen Entlohnung, in der nicht vorhandenen allgemeinen Sozialabsicherung, in schlechten Arbeitsbedingungen und im Problem der Umweltverschmutzung.

Im folgenden sollen mit der informellen Abfallwirtschaft und dem touristischen informellen Sektor zwei spezielle Bereiche vorgestellt werden.

8. Fallstudie 1: Abfallwirtschaft und informeller Sektor in der City of Calcutta

8.1 City of Calcutta

In der „City of Calcutta", der Kernstadt Calcuttas, leben ungefähr 5 Millionen Menschen. In der Calcutta Metropolitan Area leben fast 14 Millionen Einwohner. Für 2021 werden es laut Hochrechnungen wahrscheinlich schon 6 Millionen Menschen sein und in der metropolitanen Region werden dann 20 Millionen Menschen leben. Dies liegt an den hohen Geburtenraten, die Totale Fertilitätsrate liegt momentan bei 3,4 Kindern pro Frau. Zum Vergleich: in Deutschland lag die Fertilitätsrate 2001 bei 1,35 Kindern pro Frau. Des weiteren kommen in Calcutta die zwei großen Flüchtlingswellen in der 2. Hälfte des 20. Jahrhunderts dazu, die zusätzlich zum explosiven Wachstum Calcuttas beitragen.

Anfang des 20. Jahrhunderts lebt die Hälfte der Bevölkerung in Marginalsiedlungen, die durch die großen Flüchtlingswellen vom Land in die Stadt entstanden sind. Nahezu drei Viertel aller Erwerbstätigen arbeiten im informellen Sektor.

8.2. Das Müllproblem in Calcutta

Die 5 Millionen Menschen in der City of Calcutta produzieren natürlich auch Unmengen an Müll: 3100t jeden Tag. Davon entstammen rund 55% privaten Haushalten, nahezu 20% dem verarbeitenden Gewerbe und 10-15% den Einrichtungen des tertiären Sektors.

Der Gehalt an rezyklierbaren Materialien beträgt circa 16%. Die Stadtverwaltung ist überfordert, die Abfallmengen komplett und regelmäßig zu entsorgen. Mitte der 1990er Jahre reichten die Kapazitäten dazu aus, 70% der Abfallmengen zu sammeln und zu

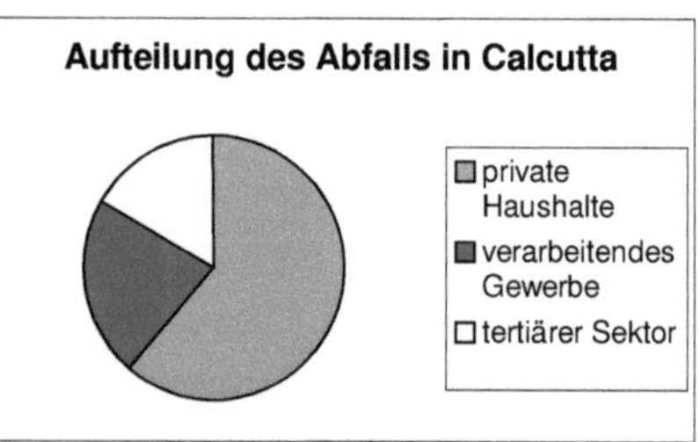

deponieren. Der Restmüll in der Stadt sorgt für immense hygienische Probleme in dem subtropisch-humiden Klima, vor allem in der Monsunzeit. Deshalb ist in der City of Calcutta der informelle Wertstoffhandel entstanden.

8.3 Modelle des informellen Wertstoffhandels in der City of Calcutta

8.3.1 Formelle und informelle Merkmale der Unternehmen

<u>8.3.1.1 Unternehmensstruktur</u>

Es gibt 3 Unternehmen im Wertstoffhandel in 3 verschiedenen Hierarchiestufen. Die Müllsammler und die ambulanten Aufkäufer arbeiten ohne zusätzliche Mitarbeiter und werden deshalb zu den informell Tätigen gerechnet. Sie sind für die Wertstoffbeschaffung zuständig. Die Kleinhändler stehen auf der Stufe der erzeugernahen Wertstoffkonzentration. Da nur bei ungefähr der Hälfte aller Unternehmen Lohnarbeiter beschäftigt sind und ansonsten Familienangehörige der Kleinhändler, führt das zu sehr stabilen und langfristigen Arbeitsverhältnissen. Der Geschäftsinhaber ist Manager und hilft auch manchmal bei der Reinigung und Sortierung der Wertstoffe. Also weist auch der Kleinhändler alle Merkmale eines informellen Unternehmens auf. Die Zwischenhändler, die für die Wertstoffzufuhr für die Recyclingbranche zuständig sind, zeichnen sich durch formelle und informelle Merkmale aus.

<u>8.3.1.2 Kapitalausstattung und Finanzierungsmöglichkeiten</u>

Die Unternehmen, die auf der obersten Stufe in der Hierarchie des Wertstoffhandels in der City of Calcutta stehen, weisen auch die höchste Sachkapitalintensität aus. Während Zwischenhändlern moderne Transportmittel (Lastkraftwagen) und weitläufige Lager- und Sortierflächen zur Verfügung haben, nutzen ambulante Aufkäufer und Kleinhändler noch die traditionellen Transportmittel und verfügen selten über ausreichend Lagerflächen. Dies stellt ein weiteres Kriterium bei der Zuordnung zum informellen Sektor der erzeugernahen Wertstoffhändler dar.

Die notwendigen Kredite verschafften sie sich über informelle Quellen, wie zum Beispiel über die Familien oder Geschäftspartner. Bis auf die Zwischenhändler kann man im Bezug auf die Kapitalausstattung und die Formen der Finanzierung alle anderen Unternehmen des Wertstoffhandels in der City of Calcutta dem informellen Sektor zuordnen.

<u>8.3.1.3 Liefer- und Absatzbedingungen</u>

Umso höher man in der Hierarchiestufe geht, desto besser wird die Qualität der Produkte und der Stoffumsatz der Unternehmen steigt. Die Zwischenhändler sind nicht auf direkten Kontakt mit ihren Kunden angewiesen, müssen aber dafür mehr für die Transportkosten einplanen. Sie erlangen aber auch höhere Umsätze bei niedrigeren Handelspannen. Diese Kriterien entsprechen genau denen der formellen Wirtschaft. Die Müllsammler, ambulanten Aufkäufer und Kleinhändler hingegen sind auf engen Kontakt zu ihren Kunden angewiesen und agieren in einem lokal begrenzten Markt.

8.3.1.4 Verwertung des akkumulierten Kapitals

Informelle Unternehmen, wie die Müllsammler, ambulanten Aufkäufer und die Kleinhändler, nutzen das Material um ihre Warenbestände zu erweitern. Die Entwicklung neuer Produkte, Investitionen in die Technologie und die räumliche Ausdehnung oder Verlagerung ihrer Betriebe stellen Merkmale des formellen Sektors dar. (Trettin 2002, S. 104ff.)

8.3.2 Formelle und informelle Merkmale der einzelnen Unternehmen

8.3.2.1 Müllsammler

Müllsammler arbeiten an frei zugänglichen Müllhaufen und Abfallcontainern unter katastrophalen hygienischen Bedingungen. Sie fangen sich deshalb auch sehr oft Krankheiten ein, da sie eigenständige Unternehmer sind, besitzen sie aber keine Krankenversicherung. 60% der Müllsammler sind Kinder und 30% Frauen und die Alphabetisierungsrate ist sehr gering. Nur wenige der Müllsammler arbeiten mehr als 7h am Tag, da sich die meisten andere Erwerbsquellen erschlossen haben. Trotz der unattraktiven Arbeit sind viele aus finanziellen Gründen darauf angewiesen und hoffen, dass ihre Kinder mal eine andere Arbeit bekommen können. Die Arbeit der Müllsammler ist zwar sehr arbeitsintensiv, jedoch nicht sehr produktiv. Der Zustand des gesammelten Mülls ist oft so miserabel, dass sie dafür nicht viel bekommen oder die Müllsammler müssen ihn in mühseliger Arbeit auf den Strassen reinigen. Sie besitzen nämlich keine Lagerhallen oder einen Arbeitsplatz. Sehr verlässliche Müllsammler werden an ihren Abnehmer gebunden und erhalten dafür Kredite und finanzielle Unterstützung.

8.3.2.2 Ambulante Aufkäufer

Die ambulanten Aufkäufer sind ebenfalls selbständige Unternehmer mit Unterstützung ihrer Familie. Während der Erntezeit arbeiten sie zu Hause auf dem Feld und den Rest des Jahres verbringen sie in Calcutta als Wertstoffaufkäufer. Sie haben keine zusätzlichen Mitarbeiter und keine Lagerkapazitäten. Sie sind auf den lokalen Markt und den Kontakten zu den Abfallerzeugern angewiesen. Ein weiteres Kriterium für den informellen Charakter ihrer Arbeit ist, dass sie keine einfachen Handelslizenzen und Gewerbeanmeldungen besitzen. Der einzige Unterschied zu den Müllsammlern ist, dass sie den Müll direkt, schon vorsortiert und gereinigt von den Abfallerzeugern abnehmen und somit mehr rezyklierbare Materialien und vor allem wertvollere Materialien an die Kleinhändler weitergeben.

8.3.2.3 Kleinhändler
In allen Bezirken der City of Calcutta existieren kleine Läden, wo die rezyklierbaren Materialien abgegeben werden. Der Geschäftsinhaber des Kleinhandels ist zugleich Manager und Arbeiter, der beim Reinigen und Sortieren der Materialien hilft. Angestellte sind sehr oft Familienangehörige, was zu stabilen Beschäftigungsverhältnissen führt. Die Kleinhändler sind ebenfalls auf den lokalen Markt angewiesen und besitzen auch nur sehr begrenzt Lagerkapazitäten. Auch sie pflegen direkten Kontakt zu den müllproduzierenden Haushalten. Somit stellen die Unternehmen der Kleinhändler, wie auch der Müllsammler und die ambulanten Aufkäufer, eine eindeutige Struktur des informellen dar.

8.3.2.4 Zwischenhändler
Im Zwischenhandel werden die Wertstoffe ein letztes Mal sortiert und zu den Recyclingunternehmen weitergeleitet.

Die Unternehmen der Zwischenhändler erfüllen sowohl Kriterien des formellen als auch des informellen Sektors. Sie besitzen eine Gewerbemeldung, eine Handelslizenz und der Geschäftsinhaber hat fast nur Manager-Funktion. Weitläufige Lager- und Sortierflächen, sowie moderne Transportmittel besitzen fast alle Zwischenhändler. Da sie nicht auf den direkten Kontakt mit den Kunden angewiesen sind, müssen sie auch teilweise über die Stadtgrenzen hinaus. Dafür benötigen sie bessere Transportmittel und haben somit höhere Transportkosten als die anderen Unternehmensstufen. Je höher ein Unternehmen des Wertstoffhandels in der Hierarchie ist, desto besser wird die Qualität und die Homogenität der Produkte. Davon profitieren auch die Zwischenhändler, sie machen mit weniger Arbeit bessere Geschäfte. Es ist auch eine zunehmende Spezialisierung auf bestimmte Wertstoffe im Zwischenhandel zu beobachten. Auffallend ist auch, die Geschäftsinhaber alle eine Ausbildung haben und verfügen über ein befriedigendes Bildungsniveau. Diese formellen Aspekte werden aber noch durch einige informelle Merkmale des Zwischenhandels überschattet. Die Beschäftigten sind zum Beispiel nicht krankenversichert und Rentenfonds existieren ebenfalls nicht. Auch die Zahlen der Arbeitskräfte eines Zwischenhandels entsprechen eher denen des informellen Sektors: meistens hat ein Geschäftsinhaber zwei bis vier abhängige Beschäftigte eingestellt. Aber im Unterschied zu den „nur" informellen Unternehmen nutzen die Zwischenhändler überschüssiges Kapital für neue Technologien, die Entwicklung neuer Produkte und Dienstleistungen, räumliche Ausdehnung oder Verlagerung der Betriebe.

<u>8.3.2.5 Zusammenfassung der informellen und formellen Merkmale der Unternehmen des Wertstoffhandels in der City of Calcutta</u>

- zunehmende   Spezialisierung: Ambulante Händler arbeiten mit allen verfügbaren Materialarten aus allen zugänglichen Quellen. Auf der folgenden Stufe setzt die Spezialisierung auf ein oder zwei Materialarten ein. Die Zwischenhändler haben sich nahezu ausschließlich auf jeweils eine Materialart spezialisiert.

- Besitz   einer   Handelslizenz   oder   Gewerbeanmeldung: Wertstoffbeschaffer üben ihre Tätigkeiten ohne offizielle Genehmigungen aus. Die Mehrzahl der Kleinhändler besitzt zwar eine Handelslizenz jedoch keine Gewerbeanmeldung. Auf der Ebene des Zwischenhandels verfügen hingegen alle Betriebe über die erforderlichen Genehmigungen staatlicher Behörden.

- Ausbildung   der   Geschäftsinhaber: Der Bildungsgrad der Akteure steigt mit ihrer Position in der Hierarchie des Wertstoffhandels. Die Mehrheit der ambulanten Händler ist nicht in der Lage zu lesen und zu schreiben. Hingegen verfügen zwei Drittel der Kleinhändler über einen anerkannten Schulabschluss. Auf der Ebene des Zwischenhandels gaben alle Probanden an, einen Schulabschluss zu besitzen.

(Auflistung übernommen von: Lutz Trettin 2002, S. 105)

An dieser Auflistung ist deutlich zu erkennen, dass je höher ein Unternehmen in der Hierarchie steht, desto mehr formelle Merkmale vorherrschen. Die am höchsten stehenden Zwischenhändler können eindeutig dem formellen Sektor zugeordnet werden. Der Grad der Formalität hängt gleichzeitig mit der Leistungsfähigkeit ab, beziehungsweise wird ein Unternehmen mit zunehmender Informalität verwundbarer. Unternehmen, die ausschließlich formelle oder informelle Merkmale besitzen, stellen jeweils die Endpunkte einer Hierarchie dar.

<u>8.3.3 Zukunft des informellen Wertstoffhandels in der City of Calcutta</u>

Durch den Wertstoffhandel wird die Abfallwirtschaft Calcuttas auf jeden Fall entlastet. Die Frage ist nur, ob sich dieses hierarchische System des Wertstoffhandels in Zukunft halten wird. Die Kapitalakkumulation erfolgt nur bei sehr wenigen Akteuren, größtenteils bei denen, die dem formellen Sektor zugeordnet werden (Zwischenhandel). Lutz Trettin hat in seiner Dissertation folgendes festgestellt: „Die geringe Wertschöpfung in den informellen Unternehmen der Wertstoffbeschaffung und der erzeugernahen Wertstoffkonzentration bedingt niedrige Einkommen bei den Beschäftigten." (Trettin 2002, S. 144). Aufgrund dieser dauerhaft niedrigen Einkommen, üben die meisten Beschäftigten im Wertstoffhandel eine weitere informelle Tätigkeit aus. Viele gehen in ihren Heimatdörfer bei der Ernte zur Hand und in der restlichen Zeit des Jahres sind sie im Wertstoffhandel beschäftigt. Die informell Beschäftigten kommen auch sehr selten aus diesem Teufelskreislauf heraus, da das Geld weder für eine Gesundheits- und Altersvorsorge reicht, noch können sie ihren Kindern eine universitäre Ausbildung bieten. Die meisten Müllsammler und ambulanten Aufkäufer würden ihre Beschäftigung im Wertstoffhandel sofort aufgeben, falls eine höher dotierte Erwerbstätigkeit in Aussicht wäre. Ob somit das rasant gewachsene Netzwerk an Aufkaufsstellen erweitert werden kann, ist fraglich, da die Arbeit von den meisten ambulanten Aufkäufern nur saisonal geleistet werden kann. Im Hinblick auf das ununterbrochene Bevölkerungswachstum der Stadt, wäre es durchaus sinnvoll, den Wertstoffhandel aufrecht zu erhalten und sogar zu erweitern.

Allerdings wären unbedingt Reformen nötig, damit umweltverträglicher und effizienter gearbeitet werden kann. Dafür müssten beispielsweise Unternehmer des informellen Sektors leichteren Zugang zu formellen Kreditinstituten haben. Damit hätten sie einen größeren finanziellen Spielraum und könnten auch effizienter und kontinuierlicher arbeiten. Die Kontinuität der ambulanten Händler beim Bezug auf die privaten Haushalte spielt für das Aufkommen an hochwertigen rezyklierbaren Materialien und somit eine höhere Wertschöpfung eine wichtige Rolle. Durch die Stärkung der Handelskette „Abfallerzeuger – ambulante Aufkäufer – Kleinhändler", kann und sollte den Müllsammlern der Ausstieg aus dem Wertstoffhandel erleichtert werden und andere Beschäftigungsmöglichkeiten gezeigt werden. Wichtig für die Beschäftigten im informellen Sektor wäre auch Bildungs-, Gesundheits- und Sozialversicherungssysteme einzuführen und für Frauen bessere Ausbildungsmöglichkeiten zu bieten. Erfolgreichere Entwicklung der Unternehmen entsteht auch durch die Verbesserung der gesellschaftlichen Akzeptanz. (Trettin 2002)

9. Fallstudie 2: Formelle und informelle Fremdenverkehrssektoren in Pattaya, Thailand

9.1. Fremdenverkehr in Pattaya

Pattaya liegt in Thailand mit einem riesigen Strand. Dies zog nach und nach immer mehr Touristen an. Anfang der 70er waren in Pattaya nur wenige Dienstleistungsunternehmen, inzwischen zählt Pattaya zu einem der großen Dienstleistungsunternehmen in Asien. Die privaten Unterkünften und kleinbetrieblich organisierten Beherbergungsbetreiben reichen bald nicht mehr aus und es entstehen große Luxushotels, betrieben von Unternehmen des formellen Sektors. Können informelle und formelle Unternehmen im Tourismussektor in Pattaya nebeneinander existieren?

9.2. Pattayas formeller Tourismussektor

9.2.1 Große Luxushotels

Die großen Luxushotels mit mehr als 100 Zimmern entsprechen dem internationalen Standard und Inhaber sind einzelne Familien der Bangkoker Führungselite, die zusammen mit ausländischen Investoren diese Unternehmen leiten. Die bereits existierenden Hotels sind ständig am vergrößern und ausbauen. Dadurch wird der Marktzutritt neuen Großhotels erschwert, obwohl die Touristen Jahr für Jahr mehr werden. Für die existentielle Sicherheit arbeiten die meist ausländischen Hotelmanager mit internationalen Reiseunternehmen zusammen. Die meisten Führungskräfte wurden im Ausland, meistens in den USA, ausgebildet.

9.2.2 Kleinere Beherbergungsbetriebe

Neben der Großhotellerie existieren auch Mittelklassehotels innerhalb des formellen Sektors. Diese Hotels sind, im Gegensatz zu denen der Großhotellerie, Eigentum der noch immer schmalen Mittelschicht Thailands. Zu dieser zählen beispielsweise: Händler, Architekten, Polizei- und Regierungsbeamte, Militärs und andere. Die meisten Eigentümer wohnen in Bangkok und kontrollieren ihre Geschäfte ständig. Ausländische Manager findet man in den Mittelklassenhotels keine. Vor allem sparsamere Touristen zieht es in diese Hotels, wobei die Mittelklassehotels neben den komfortablen Großhotels auch relativ teuer sind.

9.2.3 Vergnügungs- und Unterhaltungsstätten

In der Kernzone des früheren Fischerdorfes finden sich heute viele Bars, Diskotheken und Nachtclubs. Aber auch die ganze Strandpromenade geprägt von zahlreichen Vergnügungs- und Unterhaltungsstätten. Saisonale Nutzung dieser Gebäude ist typisch, meist sind die Räumlichkeiten nur von Ausländern gemietet. Für die Prostitution spielen diese Vergnügungs- und Unterhaltungsstätten eine wichtige Rolle.

9.2.4 Souvenirartikel

Familienunternehmen sind im Souvenirhandel und bei Wassersportartikel vorherrschend, manche besitzen noch einige Angestellte. Die Mieten sind, vor allem in den besten Lagen, sehr hoch. Schmuck und maßgeschneiderte Kleidung stellen die bestverkauften Souvenirartikel in Pattaya dar. Höherwertige Stoffe für die Kleidung und die meisten Sportgeräte sind importiert.

9.3 Pattayas informeller Tourismussektor

9.3.1 Nahverkehr

Der lokale öffentliche Nahverkehr zwischen Naglua und Pattaya besteht aus Sammeltaxis, die meistens umgebaute Transporter sind. Bis zu 12 Passagiere können mit diesem Taxi, das zumeist Eigentum des Fahrers ist, mitfahren. Die Neuanschaffung eines solchen Fahrzeuges oder ein gebrauchtes zu erwerben ist sehr teuer. Finanzieren können das die Fahrer nur durch Kredite, Unterstützung ihrer Familie oder Ratenzahlung. Da sie nicht länger als 10-12h tagsüber unterwegs sein können, vermieten viele Taxifahrer aus finanziellen Gründen ihr Taxi über Nacht.

9.3.2 Vermietungen an Touristen

Am Strand entlang findet man viele Kleinvermieter mit Schwimm-, Sport- und Ausrüstungsgegenständen. Fischer haben teilweise ihre Boote so umgebaut, dass sie für Touristenausflüge genutzt werden können, andere bieten Schnellboot-Fahrten, Wasserski und Fallschirmsegeln an. Das Angebot der Wasserschlitten ist mit 150 Kleinvermietern momentan viel zu groß, dagegen ist die Vermietung von Surfbrettern noch nicht so verbreitet. Bei älteren Frauen kann man sehr oft Liegestühle, Sonnenschirme und Schwimmreifen mieten.

Typisch für den informellen Sektor ist, dass die für das Vermietungsgeschäft erforderlichen Erkenntnisse nicht in der Schule erworben wurde, ebenso wie das Warten und Reparieren der Geräte. Während der Monsunmonate müssen die Vermieter meistens ihren Betrieb einstellen (saisonale Arbeit).

9.3.3 Kleinhandel

Einziger Vorteil und Überlebenschance des Kleinhandels ist die Kundennähe. Die Kleinhändler führen ihre Waren, wie Obst, Erfrischungen, Süßigkeiten oder Souvenirs, mit sich und legen sie direkt dem Kunden vor. Die Konkurrenz ist sehr groß, vor allem bei den Jugendlichen und Frauen, da diese oftmals versuchen, damit ihren Lebensunterhalt zu verdienen. Einzige Möglichkeit der Konkurrenz auszuweichen ist oftmals die Spezialisierung auf bestimmte Produkte.

Die einheimischen Essensstände sind oftmals für die Anwohner gedacht. Diese können und wollen aber keine hohen Preise zahlen, deshalb ist es für die Verkäufer sehr wichtig auch ausländische Touristen an ihren Stand zu locken. Schulische Bildung besitzen diese Verkäufer meistens kaum und haben ihren Kenntnisse „on the job" erworben.

Handwerksproduktionen findet man sehr selten in Pattaya, dafür umso mehr Nähstuben. Sie führen sehr oft Aufträge größerer Boutiquen aus. Mit Touristen können sie nur selten kommunizieren, da sie keine bis sehr rudimentäre Englischkenntnisse besitzen.

9.3.4 Prostitution

Thailand weist sehr viele alleinreisende Männer auf, was dafür spricht, dass erotische Abenteuer zu einer wichtigen Touristenattraktion geworden sind. Viele Frauen müssen nicht nur sich sondern auch Kinder, Eltern oder Verwandte ernähren, dadurch sind sie sehr oft gezwungen sich durch Prostitution über Wasser zu halten. Manche Frauen arbeiten als Tänzerinnen, Bardamen, andere nur als Begleitdamen.

9.4 Staatliche Behandlung des formellen und des informellen Sektors

Aus steuerlichen und wirtschaftlichen Gründen, fördert der Staat gezielt den formellen Sektor. Die Großhotellerie ist dafür besonders geeignet, da die Ziele mit einer Expansion sehr schnell erreicht sind. Auch die Steuern der mittelständischen Beherbergungsstätten sind wichtig, obwohl ihre Erhebung mit größeren Schwierigkeiten verbunden ist. Dies führt dazu, dass sich die mittelständische Wirtschaft mit indirekten Förderungsmaßnahmen zufrieden geben muss. Den kleinen informellen Gewerben wird von Beratern empfohlen, sich zu vereinigen und zu kooperieren, da sich die von der Staatverwaltung erlassenen Vorschriften dann besser verwirklichen lassen (Wahnschafft, S. 44). Die Kleinunternehmen haben davon im Endeffekt aber keinerlei Vorteile, das sieht gut an der Einrichtung der Taxi-Kooperative: die Konkurrenz zwischen den Fahrern bleibt genauso groß, sie müssen aber zusätzlich noch jeden Monat Registriergebühren zahlen, hinzu kommt eine Standgebühr pro Fahrt und die Einführung eines festen Tarifsystems, „um Fahrpreisverhandlungen überflüssig zu machen und vor allem die ausländischen Kunden vor überhöhten Fahrpreisforderungen zu schützen" (Wahnschafft, S. 45). Aus dem ehemaligen informellen Nahverkehrssektor wurden ein billiges und effektiv funktionierendes Nahverkehrssystem im Sinne des formellen Sektors geschaffen. Nutzen ziehen daraus nur die, die die Gebühren einnehmen, die Fahrer der Taxis haben dadurch keinerlei Vorteile.

Ebenfalls für die ausländischen Touristen wurde der Strand in Zonen eingeteilt, mit dem Ziel, die Aktivitäten der Vermieter einzudämmen und einem Ort zu sammeln. Dadurch wird aber die Konkurrenz der einzelnen Vermieter erheblich größer und die meisten werden ihr Geschäft aufgeben müssen, da es sich nicht mehr rentiert. Noch ist das nicht durchgesetzt worden, solange haben die Vermieter noch eine Gnadenfrist. Auch den ambulanten Händlern und Essensverkäufern wurde verboten in diesen Zonen zu Geschäfte zu machen. Angeblich würden sie die Touristen belästigen und aus hygienischen Gründen soll es ihnen verboten werden, weiterhin dort ihrer Arbeit nachzugehen. Vorübergehend dürfen sie zwei Marktplätze benutzen, die Händler und Verkäufer haben aber dadurch einen Großteil ihrer Kundschaft verloren und der Konkurrenzdruck wird immer größer. Es können sich nur noch ein paar der Händler halten und es ist eine Frage der Zeit, wann diese vollständig verdrängt werden.

Kleingewerbliche Heim- und Handwerksproduktion wird von den Politkern zum größten Teil in Ruhe gelassen, da sie die Geschäftsinteressen des Tourismussektors nur peripher tangieren.

Prostitution ist in Thailand gesetzlich verboten, was dazu führt, dass die Frauen erpresst werden und oft für ihre Liebesdienste nicht bezahlt werden. Sie haben auch keinen Anspruch auf gesundheitliche Vorsorgemaßnahmen und eine Gesundheitsausbildung zur Bekämpfung von Geschlechtskrankheiten.

9.5 Schlussfolgerung

Das Fremdenverkehrzentrum ist hauptsächlich damit beschäftigt, die Großhotels in Pattaya zu errichten.   Durch die Armut der Bevölkerung hat sich aber auch der kleingewerbliche informelle Sektor gebildet. Es ist offensichtlich, dass die Politik Pattayas versucht, den Anforderungen des formellen Fremdenverkehrs gerecht zu werden und damit der informelle Sektor darunter leiden muss. Sobald sich die Interessen des formellen und des informellen Sektors kreuzen, wird das informelle Gewerbe verbannt oder verdrängt. Die oben genannten Beispiele zeigen den enormen politischen Einfluss der formellen Gewerbe. Daran wird sich wahrscheinlich auch nichts ändern, da die Interessen des Staates denen des formellen Sektors entsprechen.

10. Literaturverzeichnis

- Adam, Susanna (1997): Kompetenzanwendung und –transfer in Kleinbetrieben des informellen Sektors in Ibadan/ Nigeria. In: Boehm, Ulrich (Hrsg.)(1997): Kompetenz und berufliche Bildung im informellen Sektor. Baden-Baden, S. 114-136.

- Buchholt, Helmut (1999): Handel, Händler und Märkte im informellen Sektor. In: Geographische Rundschau, Jg. 51, H. 12, S. 716-720.

- Burckhardt, Gisela (1997): Kompetenzerwerb von Frauen im städtischen informellen Sektor in Rwanda. In: Boehm, Ulrich (Hrsg.)(1997): Kompetenz und berufliche Bildung im informellen Sektor. Baden-Baden, S. 164-182.

- Escher, Anton (1999): Der informelle Sektor in der dritten Welt. Plädoyer für eine kritische Sicht. In: Geographische Rundschau, Jg. 51, H. 12, S. 658-661.

- Feldmann, Peter; Gruszczyniski, Ariane; Overwien, Bernd (Hrsg.)(1992): Was boomt im informellen Sektor?: Berufsbildung im informellen Sektor; Beispiele aus Afrika, Asien und Lateinamerika. Saarbrücken, Fort Lauderdale, Breitenbach.

- Frieling, Hans-Dieter von (1989): Das Konzept des informellen Sektors: Kritik eines Entwicklungsidealismus. In: Schamp, Eike W. (Hrsg.)(1989): Der informelle Sektor: geographische Perspektive eines umstrittenen Konzepts. Aachen, S. 169-199.

- Geographische Rundschau (1999): Themenheft „Informeller Sektor in der Dritten Welt", Jg. 51, H. 12.

- Gertel, Jörg (1999): Informeller Sektor: Zur Erklärungsreichweite des umstrittenen Konzepts. Das Beispiel Karthum. In: Geographische Rundschau, Jg. 51, H. 12, S. 705-711.

- Komlosy, Andrea; Parnreiter, Christof; Stacher Irene; Zimmermann, Susanne (1997): Der informelle Sektor: Konzepte, Widersprüche und Debatten. In: Komlosy, A.; Parnreiter, C; ... (Hrsg.)(1997): Ungeregelt und unterbezahlt. Der informelle Sektor in der Weltwirtschaft. Frankfurt am Main, S. 9-30.

- Lohmar-Kuhnle, Cornelia (1993): Beschäftigungsorientierte Aus- und Fortbildung für Zielgruppen aus dem informellen Sektor. In: Karcher, Wolfgang (Hrsg.)(1993): Zwischen Ökonomie und sozialer Arbeit: Lernen im informellen Sektor in der „dritten Welt". Frankfurt am Main, S. 45-50.

- Meyer, Günter (1999): Entwicklungsprobleme des produzierenden Kleingewerbes in Kairo. Überleben im Zeichen der Strukturanpassungspolitik. In: Geographische Rundschau, Jg. 51, H. 12, S. 697-704.

- Schamp, Eike W. (1989): Was ist informell? Eine Einführung aus Sicht der Geographen. In: Schamp, Eike W. (Hrsg.)(1989): Der informelle Sektor: geographische Perspektive eines umstrittenen Konzepts. Aachen, S. 7-31.

- Schneider, Helmut (1999): Soziale Strategien der Risikominimierung im informellen Sektor. Das Beispiel des philippinischen Suki-Systems. In: Geographische Rundschau, Jg. 51, H. 12, S. 662-667.

- Schneider-Barthold, Wolfgang; Bögemann-Hagedorn, Christiane E. (1995): Die Organisationsfähigkeit des informellen Sektors: der Beitrag des Kleingewerbes zur Reform des Wirtschafts- und Rechtssystems in Entwicklungsländern / [Hrsg.: Bundesminister für Wirtschaftliche Zsarb. u. Entwicklung]. München.

- Trettin, Lutz (2002): Abfallwirtschaft und informeller Sektor in der City of Calcutta: Struktur, Funktionsweise und Verwundbarkeit des Entsorgungssystems einer südasiatischen Metropole. In: Bochumer Geographische Arbeiten, Heft 69.

- Vorlaufer, Karl (1999): Tourismus und informeller Sektor. In: Geographische Rundschau, Jg. 51, H. 12, S. 681-688.

- Wahnschaft, Ralph (1989): Formelle und informelle Fremdenverkehrssektoren: eine Fallstudie in Pattaya, Thailand. In: Schamp, Eike W. (Hrsg.)(1989): Der informelle Sektor: geographische Perspektive eines umstrittenen Konzepts. Aachen, S. 33-58.